中国少年儿童科学普及阅读文库

探索·科学百科 ^{中阶}

濒危物种

中国少年儿童科学普及阅读文库
TANSUO
KEXUEBAIKE
★★★★★
3级D1
探索·科学百科

[澳]爱德华·克洛斯◎著

刘丹青(学乐·译言)◎译

Discovery
EDUCATION™

全国优秀出版社
全国百佳图书出版单位
广东教育出版社　学乐

广东省版权局著作权合同登记号

图字：19-2011-097号

本书原由 Weldon Owen Pty Ltd 以书名《DISCOVERY EDUCATION SERIES · On the Brink》（ISBN 978-1-74252-185-5）出版，经由北京学乐图书有限公司取得中文简体字版权，授权广东教育出版社仅在中国内地出版发行。

图书在版编目（CIP）数据

Discovery Education探索·科学百科.中阶.3级.D1，濒危物种/[澳]爱德华·克洛斯著；刘丹青（学乐·译言）译. —广州：广东教育出版社，2014.1

（中国少年儿童科学普及阅读文库）

ISBN 978-7-5406-9361-9

Ⅰ.①D… Ⅱ.①爱… ②刘… Ⅲ.①科学知识—科普读物 ②濒危种—少儿读物 Ⅳ.①Z228.1 ②Q111.7-49

中国版本图书馆 CIP 数据核字(2012)第162099号

Discovery Education探索·科学百科（中阶）
3级D1 濒危物种

著 [澳]爱德华·克洛斯 译 刘丹青（学乐·译言）

责任编辑 张宏宇 李 玲 丘雪莹 助理编辑 蔡利超 于银丽 装帧设计 李开福 袁 尹

出版 广东教育出版社
地址：广州市环市东路472号12-15楼 邮编：510075 网址：http://www.gjs.cn
经销 广东新华发行集团股份有限公司 印刷 北京顺诚彩色印刷有限公司
开本 170毫米×220毫米 16开 印张 2 字数 25.5千字
版次 2016年5月第1版 第2次印刷 装别 平装

ISBN 978-7-5406-9361-9 定价 8.00元

内容及质量服务 广东教育出版社 北京综合出版中心
电话 010-68910906 68910806 网址 http://www.scholarjoy.com
质量监督电话 010-68910906 020-87613102 购书咨询电话 020-87621848 010-68910906

Discovery Education 探索·科学百科（中阶）

3级D1 濒危物种

全国优秀出版社
全国百佳图书出版单位

广东教育出版社

目录 | Contents

分享同一世界⋯⋯⋯⋯⋯⋯⋯6

栖息地的破坏⋯⋯⋯⋯⋯⋯8

濒危野生动物⋯⋯⋯⋯⋯⋯10

捕杀与贸易⋯⋯⋯⋯⋯⋯⋯12

非法盗猎⋯⋯⋯⋯⋯⋯⋯⋯14

不速之客的入侵⋯⋯⋯⋯⋯16

环境污染⋯⋯⋯⋯⋯⋯⋯⋯18

污染危及野生动物⋯⋯⋯⋯20

全球变暖⋯⋯⋯⋯⋯⋯⋯⋯22

气候灾难⋯⋯⋯⋯⋯⋯⋯⋯24

拯救濒危物种⋯⋯⋯⋯⋯⋯26

我们该怎么做⋯⋯⋯⋯⋯⋯28

知识拓展⋯⋯⋯⋯⋯⋯⋯30

分享同一世界

人类活动已经危及到地球上许多物种的生存。濒危物种是指一群面临灭绝危险的生物体。物种灭绝是指种群中的最后一个个体也被确认或推测死亡。在过去的200年里，世界人口数量迅猛增长，人迹罕至的野生动物栖息地逐渐被开发为人类建筑用地。热带雨林和草原大面积消失的同时，曾经居住在那里的野生动物也难逃噩运。

濒危野生动物种类
- 0-49
- 50-99
- 100-199
- 200-299
- 300-399
- 多于400

17世纪后的灭绝物种个数
- 10-29
- 30-50
- 多于50

*包括野生物种

236个灭绝物种

旅鸽
旅鸽体型较小，曾广泛分布于北美。由于人类的过度捕杀和栖息地的破坏，到1914年，旅鸽从地球上永远消失了。

疣 (yóu) 猴
曾经居住在科特迪瓦和加纳茂密丛林里的华氏红疣猴现已灭绝。栖息地的减少和人类的过度捕杀是造成它们灭绝的主要原因。

濒危野生生物

国际自然保护联盟公布了一份濒危物种红色名录，这份名录列出的动物种类大约有8 000种。据统计，四分之一的哺乳动物和三分之一的两栖动物都被列入了濒危或生存受威胁的物种名单中。

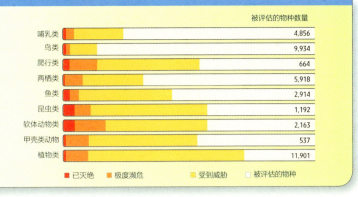

被评估的物种数量

哺乳类		4,856
鸟类		9,934
爬行类		664
两栖类		5,918
鱼类		2,914
昆虫类		1,192
软体动物类		2,163
甲壳类动物		537
植物类		11,901

■ 已灭绝　■ 极度濒危　■ 受到威胁　□ 被评估的物种

全球变暖

科学家们认为全球变暖也会造成野生动物灭绝，因为气候条件的变化可能会导致野生生物赖以生存的栖息地遭到破坏。如果北极地区的浮冰继续融化，那么北极熊将失去足够的领地来捕食猎物。

大海牛

大海牛曾广泛分布于太平洋海域。欧洲人首次发现了这类行动缓慢的大型哺乳动物。但在人类的大量捕杀后，到1768年，大海牛彻底灭绝。

渡渡鸟

渡渡鸟不会飞，曾居住在印度洋上的毛里求斯。欧洲探险者登上岛屿后，对其过度捕杀。17世纪中叶，渡渡鸟灭绝。

在过去的 400 年中，已有 600 多个物种灭绝。

栖息地的破坏

16 世纪初期，野心勃勃的欧洲人不断开拓殖民地，人口数量迅猛增长。为了获得更大的生存空间，人类无情地毁灭并侵占了大面积的野生森林和自然湿地。生存环境惨遭破坏，原生物种无处生存。如今，人类依然我行我素，自然界里的野生动物生存状况岌岌可危。

消失的丛林

人类的滥砍滥伐和肆意燃烧等活动毁坏了大面积的自然森林。为了谋求经济的繁荣，很多国家不惜大力伐林，开荒。砍伐森林不仅使成千上万的物种失去了赖以生存的家园，并且一些科学家们认为这还会对地球气候产生影响。

按照现在砍伐森林的速度估算，地球上的热带雨林将在 100 年内全部消失。

水资源危机

城市人口的迅猛增长和高度密集是造成饮用水短缺的主要原因之一。虽然现在人类可以将地下水作为饮用水来源，但是如果没有进行合理的开采与利用，那么迟早有一天地下水也会干涸。

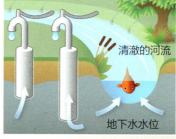

可持续地下水开采

人类开采地下水的历史可以追溯到数千年前。只要人类的开采速度没有超过地下水自身的更新速度，那么地下水的供应将会源源不断。

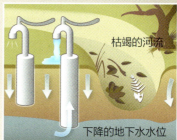

水资源枯竭

当人类的开采速度超过了地下水的更新速度，那么地下水水位会逐渐降低，直至最后枯竭。

不可思议！

在过去的100年里，由于人类的滥砍滥伐和肆意毁林，曾经覆盖地球面积达20%的热带雨林如今只剩7%。

栖息地减少的原因

栖息地的减少大都归咎于人类活动。毁林开荒、废弃物倾倒、矿山开采以及城市扩张等人类活动造成了野生动物栖息地显著减少。

工业污染

工厂是直接的工业污染源。工厂的生产过程往往伴随着污染气体的排放、工业废弃物的倾倒以及栖息地的破坏。

过度放牧

清除原生植被，毁林开垦牧地也是造成栖息地逐渐减少的一个主要原因。人类往往以牺牲森林资源为代价来获得更多的空间供牧草生长，进而获得更多的经济利益。

资源开采

不合理的开采往往会严重破坏自然生态系统，污染水源，减少野生生物栖息地。

城市的无序扩张

城市人口不断增长，使得栖息地逐渐减少，越来越多的建筑建到原先动物居住的地方。

濒危野生动物

栖息地的减少是造成很多野生动物濒临灭绝的直接原因。人口的持续迅猛增长将使它们的处境更加危险。由于人类不断将野生动物的栖息地占为己有，如建立居民楼或开垦牧场，因此野生动物可赖以生存的环境越来越少。对于一些栖息地有限的野生动物来说，一旦原有的生存环境被破坏，那么它们存活的几率将微乎其微。

红毛猩猩

高度密集的伐木业和大面积的油棕榈种植业的发展让这个令人惊叹的物种数量极速减少。苏门答腊红毛猩猩已被列为极危物种，现仅存6 500只。

大熊猫

　　这种令人甚为惊叹的哺乳动物主要分布在中国四川、陕西等周边山区。由于栖息地被大量破坏，如今野生大熊猫剩下不到2 000只。

山地大猩猩

　　由于热带雨林栖息地的不断减少，非洲野生山地大猩猩不足325只。

苏门答腊虎

　　印尼的苏门答腊岛是这个大型猫科动物的唯一生存地，由于栖息地的不断减少，如今也已经濒临灭绝。

普氏野马

　　原产于蒙古的普氏野马已于20世纪60年代灭绝。但在20世纪80年代，一次成功的繁殖试验让普氏野马得以重新回归到大自然。

西红柿蛙

　　西红柿蛙土生土长在马达加斯加岛东岸，以昆虫为食。人类的滥砍滥伐使得它们的栖息地遭到严重破坏，如今这种体型娇小的两栖动物已经濒临灭绝。

豹蜥

　　豹蜥现仅存于美国加利福尼亚州。长鼻和长圆尾巴是它的标志。栖息地的破坏导致其数量极速下降，如今已经被列为濒危物种。

欧洲野牛

　　这种体型庞大的野兽在上个世纪20年代已经濒临灭绝，现在是珍稀保护物种。人类大量捕杀以及草场的逐渐减少是造成它们濒临灭绝的主要原因。

树袋鼠

　　古氏树袋鼠分布在新几内亚的中部及东南部。高密集型伐木业和农业活动使其生存环境遭到严重破坏，如今已经濒临灭绝。

北极熊

　　全球变暖造成北极覆盖的大片冰层逐渐融化，北极熊的栖息地渐渐消失，其数量也急剧减少。

捕杀与贸易

为了满足人类自身的食物、贸易和娱乐需求，人类在数千年前就开始捕杀野生动物。捕猎者将动物的肉加工成食物，将骨骼制成工具，将皮毛和羽毛做成衣服。在早期文明时代，捕猎活动仅仅是一种生存手段，而如今，"捕猎"的含义发生了变化——在非洲是非法狩猎，在欧洲和美国则是狩猎游戏。

鲸

鲸的肉可食，脂肪可制成油，超高的商业价值让许多国家长期以来都将鲸作为主要捕杀对象。捕杀的方法多种多样，较常见的是网捕和用鱼叉捉。随着鲸的数量大幅度减少，商业捕鲸活动也受到了较大程度的限制。这已经成为各国政府与环保组织间争论的焦点。

自 1986 年世界大多数国家禁止商业捕鲸以来，日本以所谓的"科学研究"为目的在南极杀死了 8 000 多头小鲸。

捕杀野牛

　　人类捕杀野牛的历史可以追溯到数千年前。在马和武器还没有引入北美大陆时，很长一段时期内，印第安人徒步捕杀这类庞大的哺乳动物。枪支的引入意味着捕杀变得更加简单了。19世纪80年代，成群的野牛从地球上消失了。

俄罗斯毛皮制品交易

　　在16世纪和18世纪之间，俄罗斯是毛皮制品的主要输出国。俄罗斯占领西伯利亚后，拥有了更多珍稀物种，如海獭、海象等，对它们的捕杀并促进了毛皮制品的交易。到19世纪中叶，俄罗斯已成为世界上最大的毛皮制品供应国。

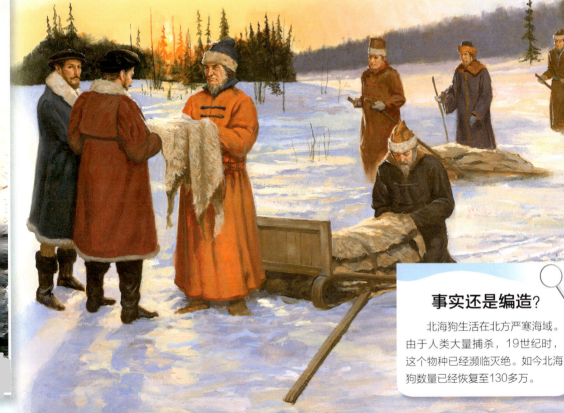

事实还是编造？

　　北海狗生活在北方严寒海域。由于人类大量捕杀，19世纪时，这个物种已经濒临灭绝。如今北海狗数量已经恢复至130多万。

非法盗猎

人们常常置动物保护法于不顾，继续捕杀野生动物，直至它们濒临灭绝。非法狩猎是指不合法地追捕、杀害或俘获野生动物。捕杀后获得的角、牙、骨和毛皮都会被拿到黑市上高价出售。如果人们继续捕杀这些生存受到威胁的野生动物，那么它们将会永远从地球上消失。

雪豹

雪豹的体型庞大，毛皮稀有而珍贵，主要分布在亚洲山区。由于人类大量非法狩猎，如今雪豹已经濒临灭绝。

非洲大象

非洲大象的足迹曾经遍布整个非洲，长长的象牙有非常高的使用价值。在利益的驱使下，人类大量捕杀大象，导致它们濒临灭绝。

鲸类

捕鲸者常常将抹香鲸的骨和牙齿做成雕刻品，即为人们所熟知的"鲸骨雕刻"。手工艺者首先在鲸骨或牙齿上雕刻出细小的花纹和图案，然后用颜料上色。

鲸骨雕刻

露脊鲸是世界上数量最稀少的鲸类

长喙（huì）针鼹（yǎn）鼠

它的体型娇小玲珑，主要分布于印尼和新几内亚岛。最近几十年来，由于传统狩猎者的大量捕杀，针鼹鼠的数量急剧减少。

黑犀牛

现在分布在非洲的黑犀牛不足2 500头。人类为获得犀牛角而进行的非法狩猎活动是造成黑犀牛灭绝的主要原因。

绯红金刚鹦鹉

分布于美洲中南部的绯红金刚鹦鹉体型较大，羽毛色彩鲜艳，如今已经濒临灭绝。但狩猎者们仍然在非法捕猎和俘获这个珍稀物种，并将其作为宠物在黑市上进行交易。

不速之客的入侵

随着世界人口数量的日益增多，野生动物赖以生存的栖息地被迫与人类分享。在建造房屋或高速公路时，人类大都没有意识到自己正在破坏动物的家园。曾经居住在热带雨林的动物们如今不得不在人类的垃圾堆里寻找食物。

橙腹鹦鹉

橙腹鹦鹉是澳大利亚的特有物种。由于受到来自非本土鸟类的竞争，这种羽毛色彩鲜艳的野生鸟类数量已经不足200只，被列为极危物种。

不可思议！

虽然与家养猫和家养狗同族，但流浪猫和流浪狗的野外生存能力更强。他们常常成群结队地四处闲逛，抑或在人类的垃圾堆和垃圾填埋场觅食。

毒蜥

毒蜥的体型庞大且行动缓慢，主要分布于美国西南部和墨西哥北部。当地宠物的威胁，及城市化进程导致的栖息地减少，使他们已经濒临灭绝。

草原胡狼

草原胡狼是栖息于非洲的惟一狼群。由于受到家犬的影响，以及栖息地的日益减少，埃塞俄比亚山区的草原胡狼已经非常稀少。

家养宠物

在澳大利亚，家猫被认为是杀死袋鼠、负鼠和鸟类的凶手，而家犬也是造成小袋鼠、考拉和袋狸无法在自然环境下继续存活的破坏分子。

本地的狗和猫

外来入侵者

外来入侵者是导致野生动物灭绝的一个重要原因。引入新物种原是为了帮助控制当地的害虫，但其自身却引发了更严重的问题。

藤条蟾蜍（chán chú）

体型庞大的藤条蟾蜍曾是美洲中南部的原生野生动物，后来被引入到加勒比海和太平洋海域的各大岛屿上。这种两栖类动物繁殖速度非常快，以至于现在成为一些国家的主要害虫之一。

老鼠

这种啮齿类动物的足迹几乎遍布了所有大陆。老鼠身上往往会带有传染性疾病，最著名的当属淋巴腺鼠疫。

灰松鼠

灰松鼠繁殖能力很强，被人类引入欧洲和北美等国家。灰松鼠体形较大，更为健壮，这使得英国原生红松鼠的生存受到了严重威胁。

红松鼠

体型娇小玲珑的红松鼠曾经广泛分布于英国。自体型较大的灰松鼠被引入后，红松鼠的数量极速减少。

欧洲狐

19世纪70年代，原生存在北半球的欧洲狐被作为新物种由人类引入澳大利亚。如今它已经是澳大利亚分布最广的一种流浪动物。

环境污染

废弃物的不合理处置看似危害很小，但是对于觅食的流浪动物来说却可能造成致命的伤害。倘若施用在植物与害虫身上的有毒物质没有被合理处置，那么就很可能会被觅食的动物误食。流入水体中的化学物质会污染饮用水源，还有可能使动物中毒。海上发生的石油泄漏会严重危害海洋生物。许多工业污染物最终都进入到土壤、空气和水体中，对很多物种的生存造成严重威胁。

垃圾危害

进入到海洋、湖泊和河流的生活垃圾可能会被野生动物误食。由塑胶、金属和橡胶等制成的生活用品如果没有被合理处置，那么可能会对动物造成致命的威胁。

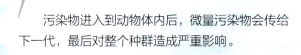

污染物进入到动物体内后，微量污染物会传给下一代，最后对整个种群造成严重影响。

空气污染

工业废气污染是人类面临的主要环境问题之一。

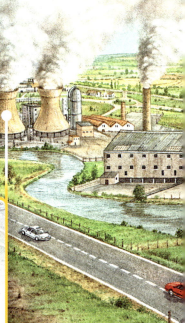

城市化扩张

城市化扩张导致交通污染愈发严重，生活和建筑垃圾日益增多。

拯救我们的森林

人类的滥砍滥伐和毁林烧林导致地球上的热带雨林逐渐消失。农业、城市和伐木业的发展使野生森林被破坏殆尽。

减少空气污染

如今，许多国家已经加强了对空气污染物排放的控制。如果越来越多的国家都能够献出一份力，那么我们的环境会更加美好。

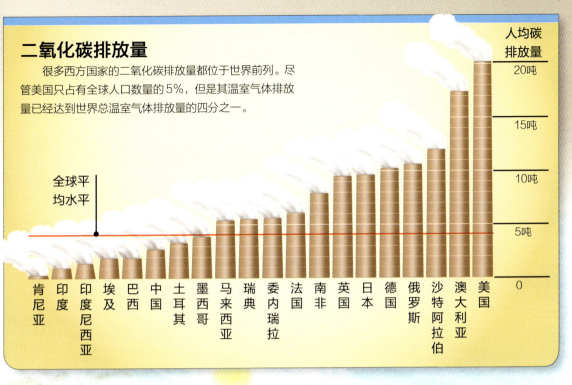

二氧化碳排放量

很多西方国家的二氧化碳排放量都位于世界前列。尽管美国只占有全球人口数量的5%，但是其温室气体排放量已经达到世界总温室气体排放量的四分之一。

人均碳排放量

- 20吨
- 15吨
- 10吨
- 5吨
- 0

全球平均水平

肯尼亚　印度　印度尼西亚　埃及　巴西　中国　土耳其　墨西哥　马来西亚　瑞典　委内瑞拉　法国　南非　英国　日本　德国　俄罗斯　沙特阿拉伯　澳大利亚　美国

酸雨

工业废气会导致酸雨，进而危害大量物种。

石油泄露

大型油轮和石油钻井平台的石油泄漏将会对海洋生物产生致命伤害。

废弃物倾倒

废弃物如果直接进入水体将会污染水生动物的饮用水源。

保持我们的水源清洁

在很多国家和地区，如果直接向河流、湖泊和海洋中倾倒垃圾，会被认为是违反法律法规的。很多国家已经加入到减少水源污染的国际协议中。

污染危及野生动物

污染已经对自然环境和野生动物产生了巨大影响，全球污染问题导致越来越多的野生动物走向灭亡。海洋里的垃圾会造成海洋生物窒息死亡，石油泄漏会将水体中的鱼类、海豹和鸟类扼杀；杀虫剂等化学物质正在破坏整个自然生态系统；流入河流的酸雨和矿场污染物已经严重危及水体生态环境中的大量生物。

多足青蛙

许多科学家认为水体里的化学污染物是导致青蛙畸形的主要原因。进入水体里的化学污染物会被该水体里定居的青蛙所误食。

畸形青蛙

夏威夷僧海豹

夏威夷僧海豹会被海洋垃圾，如网状物和塑料等缠绕而无法逃脱，最终难逃死亡的厄运。它们的数量正在急剧减少，濒临灭绝。

珊瑚礁

环境污染对整个珊瑚礁生态系统都造成了严重威胁。农田里流出来的化学物质和海洋上的石油泄露让它们的存续岌岌可危。渔船和游轮的锚泊也对这些美丽的珊瑚造成了危害。

黑足雪貂

　　原产于北美的黑足雪貂如今已经濒临灭绝。草原犬鼠是它的主要食物来源。但是人类大规模地捕杀草原犬鼠，导致黑足雪貂没有足够的食物来源而濒临灭绝。

貂熊

　　貂熊为寒温带动物，主要分布在加拿大、斯堪的纳维亚和俄罗斯等地区。由于人类的大量捕杀和栖息地的严重破坏，如今已经被列为极危物种。

马来鳄

　　马来鳄是一种外形酷似食人鳄的两栖动物，现已被列为极危物种。由于栖息地大量丧失，世界上现有的成年马来鳄不足200只。

中华匙吻鲟（xún）

　　中华匙吻鲟曾分布于中国长江流域，体态优雅。由于人类活动造成的水体污染严重扰乱了它们的繁殖模式，自2003年后，中华匙吻鲟再也没有出现在人们的视野中，或许正如很多人猜测的那样，它们已经灭绝了。

全球变暖

地球气候正在发生剧烈变化。很多科学家认为地球正在变暖，而这是导致环境变化的主要原因。人们常说的全球变暖是指地球平均气温的持续升高。化石燃料，包括煤和石油，在燃烧过程中会伴随产生温室气体。在过去的100年里，地球温度增加了约1℃。

温室效应

温室效应是保持地球温暖的一个自然过程。二氧化碳、甲烷等温室气体阻止太阳能向大气层外散逸。随着时间的推移，温室气体逐渐笼罩在大气上空，温室效应愈演愈烈。

正在融化的冰层

全球气候变暖导致地表温度逐渐上升，极地冰层开始融化。据估算，自20世纪50年代以来，北极的冰架每10年约减少7%。这意味着大量的水流将会汇入海洋，海洋面积不断扩大，海平面逐渐上升。

太阳能

太阳的部分能量被地球表面所吸收，使地球升温。

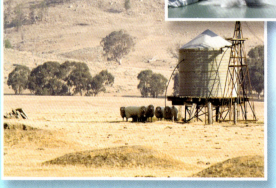

致命的干旱

干旱时节，由于缺乏充足的雨水滋润，农作物和牧草无法正常生长。缺少降水，河流和湖泊水位会非常低，有时甚至干涸；可摄入的食物和水份将很稀缺，野生动物难以生存。

地球增温

自1850年以来，地球的平均气温一直保持平稳增长。据预测，随着越来越多的温室气体进入大气，地球气温将继续升高。

| 1850 | 1860 | 1870 | 1880 | 1890 | 19 |
年

冰层反射

　　地球表面的部分区域，例如冰层，可以将太阳光反射回去。

太阳光

　　太阳光可以将热量和光能带到地球。

保温层

　　地球的一部分热量会穿过大气，但大多数会被温室气体所阻拦，导致地球升温。

全球气温

平均气温　　　全球平均气温

16.0℃
15.8℃
15.6℃
15.4℃
15.2℃
15.0℃
14.8℃
14.6℃
14.4℃
14.2℃
14.0℃

0　1920　1930　1940　1950　1960　1970　1980　1990　2000　2010

气候灾难

科学家们认为气候变化问题，如气候变暖、极端天气增多等，正在加快地球上野生动植物的灭绝进程。剧烈变化的天气条件可能会破坏野生动植物的栖息地。当栖息地被破坏后，除了一些适应能力较强的物种外，更多的野生动植物会由于没有充足的食物、水源和栖息地，而难以继续生存下去。

阿波罗绢蝶

阿波罗绢蝶栖息于欧洲的山地草原和牧场。气候变暖导致当地林木更为高大，阻挡了更多的太阳光线，影响了阿波罗绢蝶的生存。

鼠兔

鼠兔体型娇小，形似兔子，耐寒怕热。随着全球气温的升高，鼠兔的栖息地不能保持足够的寒冷，导致它们的数量越来越少。

北极狐

如今在欧洲大陆上仅剩下约150只北极狐。渐渐融化的北极冰层使得猎物数量大量减少，捕食者们不得不竞相争夺有限的猎物。这是导致北极狐濒临灭绝的一个重要原因。

北极熊

北极地区气温逐年升高，北极熊的生存状况堪忧。如果北极地区的海冰继续融化，那么它们将逐渐失去可以猎食海豹和海鱼的领地。

太平洋玳瑁（dài mào）

随着海洋温度不断上升，作为玳瑁食物来源和主要栖息地的珊瑚礁系统日益减少，这严重影响了玳瑁的生存。

马可罗尼企鹅

南极大陆也难逃全球变暖的厄运。日益减少的海冰使马可罗尼企鹅失去了足够的繁殖地。很多羽翼还未丰满的新生企鹅被卷入海中；成年企鹅也越来越难以觅食。

金蟾蜍

金蟾蜍曾被发现于哥斯达黎加的雨林里。这个物种于1987年灭绝，灭绝原因是由于温度升高而引起的一场快速传播的疾病。

鳟（zūn）鱼

随着淡水河流和淡水湖泊温度日益升高，习惯于寒冷水域的鱼类，例如鳟鱼和大麻哈鱼，正面临着灭绝的危险。

拯救濒危物种

通 过建立野生动物保护区、自然保护区和国家公园，来保护野生动物的栖息地，是拯救濒危野生动物的一个重要途径。在这些避难所内，它们的生存不会受到人类的干扰。农田、道路两旁等保护区以外的栖息地保护也同样重要。政府需要鼓励农民在农田间保留小块林地，从而为野生动植物提供栖息地。当地的自然保护区可以交由一些环保组织去管理。

人工繁殖技术

当动物在自然环境下无法生存和繁殖时，人工繁殖技术可以帮助其在人工控制的环境条件下顺利繁衍后代。安第斯兀鹫成熟期较晚，繁殖周期较长。人类成功对其进行人工繁殖，并放归到自然中。

在人工繁殖技术下，黑足雪貂、加利福尼亚兀鹰和普氏野马等野生动物已经得以顺利繁衍后代，避免了种群灭绝。

禁止非法贸易

禁止一切有关濒危物种贸易的法令已经在一些国家得到了实施，但这种非法贸易仍在部分国家大行其道。例如，加拿大等国依然在猎捕北极熊，非洲狩猎者仍然进行着象牙和牛角的交易。

自然保护区面积

　　每个国家的自然保护区面积各不相同。尽管一些地区已被作为自然保护区，但野生动物仍受到来自偷猎者、伐木工人和开发商的威胁。

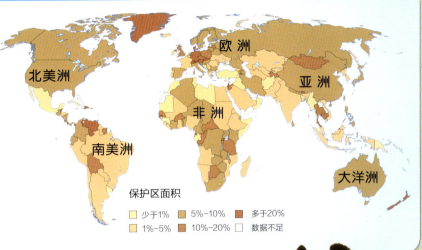

北美洲　欧洲　亚洲　非洲　南美洲　大洋洲

保护区面积

- □ 少于1%
- □ 1%~5%
- ■ 5%~10%
- ■ 10%~20%
- ■ 多于20%
- □ 数据不足

野生动物走廊

　　野生动物走廊将各自然保护区相连，既有利于其繁殖后代，又保护了野生动物。对于大型野生物种而言，例如喜欢大片竹林的大熊猫，设立野生动物走廊的意义更加重大。

霍加皮野生动物保护区

　　这个保护区位于刚果民主共和国境内，其拥有的霍加皮数量占世界总数的六分之一，但一度受到毁林开荒、农耕和开采等人类活动的威胁。1997年，它被列入世界遗产名录。

美洲虎保护项目

　　美国通过了一项保护美洲虎的议案。这个方案旨在为美洲虎建立重要的自然保护区。这些庇难所将保护美洲虎不受捕杀，以防止伐木业对它们的栖息地造成破坏。

我们该怎么做

解决气候变化问题是我们拯救濒危物种的重要途径之一，而减少二氧化碳等温室气体的排放，是减缓地球变暖的最佳方法。减少垃圾，循环使用原材料，意味着降低了生产新产品的能耗，同样有利于解决气候变化问题。人们开始使用低污染能源，例如风能和太阳能等，逐渐代替传统能源。这些能源又被称为清洁能源、绿色能源。

世界上最大的风力涡旋机产生的电量足够供应一个小镇。

可再生能源风能

风力发电是指通过风力涡旋机，将风能转为电能的过程。风力提供了大型涡旋机旋转的动能，这个能量转移给了发电机，然后由发电机将能量转为电能。

太阳能电板

太阳能是一种清洁的可再生能源。太阳能电板上的小元件可以将收集的太阳光转化成电能。过去，太阳能电板只能被安置在屋顶，但如今整个建筑都能被太阳能电板覆盖。

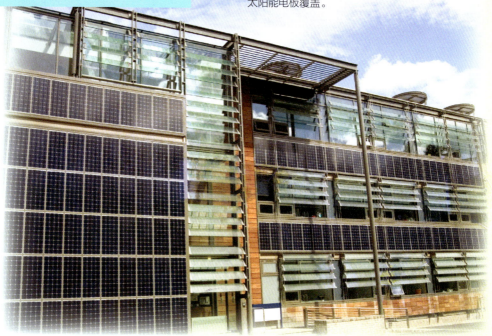

美国

人均每年碳排放量超过20吨。

目标

人均每年碳排放量为3吨。

植树造林

种植适宜当地生长的树苗有利于当地林地的恢复。这是恢复物种栖息地和帮助原生野生动物重返自然的一个重要途径。植树造林还能减少大气中的二氧化碳。

非洲

人均每年碳排放量为0.9吨。

减少碳足迹

碳足迹是指人类的一切行为所排放的温室气体量。这个指标可以衡量人类的行为对环境造成的影响。美国每年人均碳排放量是非洲的二十多倍。

英国

人均每年碳排放量为超过10吨。

塑料袋

每年被丢弃的塑料袋数以亿计。进入海洋的塑料袋对海洋生物的生存产生了很大威胁。一些小镇已经明令禁止无偿使用塑料购物袋。

废品回收利用

很多已经使用过的原料依然可以循环利用。它们可以被收集、加工并且制成新产品。废品循环利用可以节约能源和原材料。

知识拓展

酸雨 (acid rain)
排放到大气中的工业废气与水发生反应产生酸性物质，这些物质随着雨水沉降下来形成酸雨。

两栖动物 (amphibian)
两栖动物是一种变温脊椎动物，生活在陆地，但在水中繁殖。

黑市 (black market)
非法进行珍稀野生动物毛皮、珠宝和枪支弹药等违禁品交易的集市。

清洁能源(clean energy)
风能、太阳能等环境友好型能源。

气候变化 (climate change)
特指气候变暖导致的一系列地球气候变化。

森林砍伐 (deforestation)
人类滥砍滥伐造成的森林破坏。

畸形 (deformity)
器官或组织的形态或结构发生异常，有时由环境污染导致。

家养宠物 (domestic pets)
人类为了寻求陪伴而在家里养的猫、狗等动物。

干旱 (drought)
较长时期内降雨量显著低于年均降雨量的气候现象，常伴随异常高温。

生态系统 (ecosystem)
共同生存的动植物等有机体构成的统一整体。

濒临灭绝的 (endangered)
用来形容某一物种数量很少并且面临灭绝危险。

环境 (environment)
影响某一地区所有生命体生长与健康的周边条件的总和。

灭绝 (extinct)
用来形容某一物种已经完全消失并且不复出现。

化石燃料 (fossil fuels)
石油、煤和天然气等化石类燃料。

全球变暖 (global warming)
地球大气平均气温增加的现象。

草地 (grasslands)
以草或类似草的植物为主要植被的广阔区域。

温室气体 (greenhouse gases)
地球大气中能使地球增温的气体，包括二氧化碳、甲烷等。

栖息地 (habitat)
动植物赖以生存的环境。

生活垃圾 (household waste)
家庭生活中产生的废弃物，例如食物残渣、包装袋和废纸等。

工业污染 (industrial pollutants)
大型工厂排放出来的有毒物质，包括化学废弃物、有毒废气等。

开荒 (land clearing)
为了发展农业或推动城市化进程，人类摧毁原生林木和植被的活动。

伐木 (logging)
为了获得木材或清理土地而进行砍伐树木的过程。

有袋类动物 (marsupial)
哺乳动物的一种，最大的特点是雌性动物身体上有一个小袋，可供幼崽居住或进食。

原生的 (native)
用来形容土生土长在特定地理环境下的动植物。

有机体 (organism)
拥有或能够培养出独立生存能力的生命体。

过度捕杀 (overhunting)
捕杀动物直至它们濒临灭绝或灭绝。

非法狩猎 (poaching)
捕猎、捕鱼、俘获或食用野生动植物等非法活动。

极地 (polar region)
地球上靠近南极和北极的地区。

群体 (population)
定居在某一既定区域内的相同物种的有机整体。

热带雨林 (tropical rain forest)
分布于热带气候区，降雨量充沛，物种丰富的大面积森林。

再生 (regenerate)
重新生长、补充并返回到自然环境里的过程。

太阳能 (solar energy)
可以被太阳能电板所捕获而转为热能和电能的能量。

城市化扩张 (urban sprawl)
城市向人口密度低的郊区或未被开发的农村扩张的过程。

捕鲸 (whaling)
为了获得鲸鱼肉和鲸鱼油而进行的捕杀活动。

野生动物走廊 (wildlife corridor)
使被人类活动分隔的生物群落可彼此相通的栖息地。它使动物们能够安全地由一处转移到另一处。

野生动物避难所 (wildlife refuge)
可以保护野生动物不受捕猎、捕食或竞争影响的保护场所。

探索·科学百科™

Discovery EDUCATION™

世界科普百科类图文书领域最高专业技术质量的代表作

小学《科学》课拓展阅读辅助教材

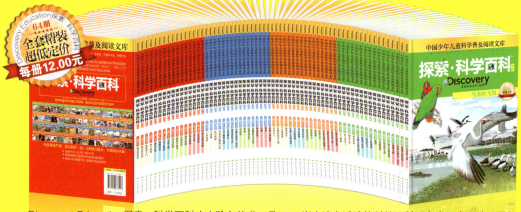

Discovery Education探索·科学百科（中阶）丛书，是7~12岁小读者适读的科普百科图文类图书，分为4级，每级16册，共64册。内容涵盖自然科学、社会科学、科学技术、人文历史等主题门类，每册为一个独立的内容主题。

Discovery Education
探索·科学百科（中阶）
1级套装（16册）
定价：192.00元

Discovery Education
探索·科学百科（中阶）
2级套装（16册）
定价：192.00元

Discovery Education
探索·科学百科（中阶）
3级套装（16册）
定价：192.00元

Discovery Education
探索·科学百科（中阶）
4级套装（16册）
定价：192.00元

Discovery Education
探索·科学百科（中阶）
1级分级分卷套装（4册）（共4卷）
每卷套装定价：48.00元

Discovery Education
探索·科学百科（中阶）
2级分级分卷套装（4册）（共4卷）
每卷套装定价：48.00元

Discovery Education
探索·科学百科（中阶）
3级分级分卷套装（4册）（共4卷）
每卷套装定价：48.00元

Discovery Education
探索·科学百科（中阶）
4级分级分卷套装（4册）（共4卷）
每卷套装定价：48.00元